Bibliographic information published by the German National Library:

The German National Library lists this publication in the National Bibliography; detailed bibliographic data are available on the Internet at http://dnb.dnb.de .

Imprint:

Copyright © 2015 GRIN Verlag, Open Publishing GmbH
Print and binding: Books on Demand GmbH, Norderstedt Germany
ISBN: 978-3-668-10987-2

This book at GRIN:

http://www.grin.com/es/e-book/311699/la-seguridad-de-las-especias-utilizadas-en-la-cocina

Ervelio Olazabal

La seguridad de las especias utilizadas en la cocina

GRIN Publishing

elio Eliseo Olazabal Manso

a Seguridad de las Especias tilizadas en la Cocina

tículo de Revisión 2015

La seguridad de las especias utilizadas en la cocina.

Autor: Ervelio Eliseo Olazabal Manso

Resumen

Este artículo, pretende dar una visiónresumida de las investigaciones realizadas hasta el presente, sobre la seguridad de las especias utilizadas en la cocina, dado que es un tema que no ha sido investigado en la profundidad que merece, teniendo en cuenta el volumen que se produce y consume a nivel mundia, así como la presencia de algunas especias que tienen productos tóxicos. Se revisaron las plantas que se utilizan con más frecuencia en la cocina, los factores que contribuyen a la aparición de efectos tóxicos producidos por estas plantas, algunos principios activos de especias que son tóxicos, los efectos adversos y los estudios realizados sobre el potencial tóxico de las especias. Se relacionan cuáles son los factores que contribuyen a la aparición de efectos tóxicos, los principales principios activos que son tóxicos y que los estudios realizados han demostrado la interacción con los medicamentos, potenciando o disminuyendo su acción, tener efectos mutagénicos y cancerígenos, producir efectos en el embarazo, almacenar productos tóxicos, dar origen a reacciones alérgicas, estimular la producción de ácido clorhídrico del estómago, ocasionar síntomas clínicos generales, causar depresión, ser citotóxicas y crear trastornos metabólicos. Lo expuesto anteriormente justifica seleccionar bien la especia a utilizar, sobre la base de su procedencia, higiene, cantidad a utilizar, así como su frecuencia de uso.

Palabras claves: Especias, toxicidad, plantas, seguridad, efectos adversos.

Abstract

This article aims to give a brief overview of research conducted to date on the safety of the spices used in the kitchen, because it is a topic that has not been investigated in depth it deserves, considering the volume being It produced and consumed worldwide and the presence of some species which have toxic products. Plants that are used most often in the kitchen were reviewed, the factors contributing to the occurrence of toxic effects produced by these plants, some active ingredients of spices that are toxic, adverse effects and studies on the toxic potential the spices. They relate what factors contribute to the occurrence of toxic effects, the main active ingredients that are toxic are and that studies have shown the drug interaction, enhancing or diminishing its action, have mutagenic and carcinogenic effects, produce effects pregnancy, storing toxic products, give rise to allergic reactions, stimulate the production of hydrochloric acid in the stomach, causing general clinical symptoms, cause depression, be cytotoxic and create metabolic disorders. The above justifies choosing the best spice to use, on the basis of their origin, hygiene, amount used and frequency of use.

Keywords: Spices, toxicity, plant, safety, adverse effect.

Indice.

1. Introducción.
2. Plantas que se utilizan más frecuentemente en la cocina.
3. Factores que contribuyen a la aparición de efectos tóxicos producidos por plantas.
4. Algunos principios activos de especias que son tóxicos.
5. Efectos adversos de las especias usadas en las comidas.
6. Estudios realizados sobre el potencial tóxico de las especias.
   6.1. Interacción de las especias con medicamentos.
   6.2. Mutagénisis y cáncer.
   6.3. Organos reproductores y embarazo.
   6.4. Productos tóxicos acumulados en las especias.
   6.5. Reacciones alérgicas.
   6.6. Secreción de ácido clorhídrico.
   6.7. Síntomas clínicos generales.
   6.8. Sistema nervioso central.
   6.9. Toxicología aguda, crónica y citotoxicidad.
   6.10. Trastornos del metabolismo.
7. Conclusiones.
8. Referencias

1.   Introducción.

Casi todos hemos hecho algún tipo de plato en la cocina desarrollando nuestras capacidades culinarias, utilizando plantas para complementar nuestros platos y darles un sabor característico. El uso de las plantas aromáticas en la cocina, está bastante extendido en el mundo y el Caribe no es una excepción, dado que el clima tropical beneficia el crecimiento de las plantas durante todo el año, favoreciendo el uso de hierbas frescas sin interrupciones diariamente. Esto permite disponer de una gran variedad de especies para utilizar en la cocina con el fin de incorporarle un sabor diferenciado a los alimentos o simplemente para adornarlos. Hay países donde se consumen con mucha frecuencia y   representan un rublo exportable como en México, donde la producción de estas plantas está en crecimiento, tanto para la demanda nacional como la exportación, representando una alternativa económica a los cultivos tradicionales (47).

El mercado mundial de las especies está en franca expansión, debido a que es una alternativa económica viable, favorecida por el incremento del turismo internacional que demanda platos tradicionales en cada país. Las cifras de producción y venta de los mismos a nivel mundial, reflejan claramente esta tendencia (21).

Se ha referido (21) que en el mundo se destinan cerca de 5,5 millones de hectáreas al cultivo de especias, hierbas aromáticas y medicinales. Con un nivel de producción mundial estimado de 4,5 millones de toneladas. La mayor parte de las especies se producen en los países de menor desarrollo relativo, siendo India el principal productor a nivel mundial. Sin embargo, la demanda mundial de especies está fuertemente concentrada, principalmente en los países desarrollados de la Unión Europea, EEUU y Japón, que concentran cerca del 60% del total mundial importado.

La pimienta, la mostaza y el pimentón son las especies más producidas. Dado el volumen alto de producción de las especies, se debe considerar con seriedad los problemas de seguridad de las mismas. Debido a, que se han realizados muchos reportes sobre la presentación de eventos adversos por su uso (5).

No obstante, la mayoría de las personas que utilizan estas plantas, desconocen que las mismas tienen en algunos casos componentes tóxicos que pueden producir efectos adversos, cuando se consumen con mucha frecuencia y en cantidades apreciables. Por todo ello, pretendemos con esta monografía, elevar el conocimiento de todos aquellos que están interesados no solo en utilizar las propiedades benéficas de las hierbas aromáticas, sino también estar informados de algunas propiedades perjudiciales de las mismas que no siempre son conocidas.

2. **Plantas que se utilizan más frecuentemente en la cocina.**

Existe una lista muy extensa de las plantas aromáticas que se utilizan en la cocina, pero ello depende de las costumbres y tradiciones de cada país, contribuyendo a darle el toque característico a los platos tradicionales que se preparan en cada uno. A continuación referiremos una lista de algunas de estas plantas, así como su uso más común, tomando como referencia lo reportado en la literatura revisada (43).

Achiote: *Bixa orellana*

Se emplea principalmente como colorante para el arroz y el pescado, aunque también se utiliza como saborizante en algunos tipos de alimentos como los quesos.

Ají picante: *Capsicum annuum var. minimum, Capsicum frutescens L., Capsicum baccatum L.*

La cocina mexicana y de otros países la emplea tradicionalmente en diferentes formas, inmaduros, maduros, crudos, asados, cocidos, al horno, secos o en polvo.

Ajo: *Allium sativum L.*

El ajo tiene un sabor y aroma característico, utilizándose en la cocina como un saborizante natural. Aunque es típico de la cocina mediterránea, también se usa mucho en los países caribeños. Las partes más empleadas son los bulbos, pero también las hojas. Sus formas de utilización puede ser seco, semiseco, deshidratado, verdes y encurtidos.

Albahaca*: Ocimun basilicum L.*

La albahaca es una planta aromática que es reconocida por sus propiedades medicinales y en la cocina. Tiene olor suave y penetrante. Se utiliza en platos italianos y mexicanos. Agregada con el tomate, es una forma de presentación frecuente.

Apio: *Apium graveolens L.*

Esta planta es muy reconocida por sus propiedades nutritivas y es un buen ingrediente de ensaladas y sopas.

Canela: *Cinnamomum zeylanicum Nees.*

Se adiciona ampliamente en postres, pasteles, dulces y entera se emplea para adornar y sazonar algunos platos. También complementa las bebidas calientes.

Cebolla: *Allium cepa.*

Es una especia muy utilizada en carnes, pescados, mariscos y caldos.

Comino: *Cuminum cyminum L.*

El comino es ampliamente utilizado como especia en la cocina tradicional española. Como condimento para carnes, pescado, caldos y arroz es su uso más frecuente. Tiene un olor característico que lo distingue de otras especias.

Culantro: *Coriandrum sativum.*

Las hojas frescas son muy apreciadas en México para confeccionar la salsa verde y el guacamole. Las hojas picadas son usadas en sopas y diferentes platos así como adorno. Esta planta se recomienda no cocinarla, debido a que pierde su aroma y sabor completamente. Se conserva bien en envases herméticos, pero debe consumirse dentro de una semana porque se marchita rápidamente. No es recomendable secarla, ni congelarla por la pérdida de su aroma.

Eneldo: *Anethum graveolens L.*

Se utiliza preferentemente para condimentar pescados.

Estragón: *Artemisia dracunculus L.*

Tiene un aroma y olor bastante fuertes. Se utiliza para aromatizar vinagres, huevos y ensaladas y salsas. Tiene propiedades digestivas.

Jengibre. *Zingiber officinale Roscoe.*

Es muy utilizado en las gastronomía asiática e Islas del Caribe, constituyendo un elemento básico para aromatizar salsas, carnes, pescados, mariscos, pollo, arroz, sopas y también mermeladas, frutas confitadas y golosinas. El jengibre hay que dosificarlo debido a que tiene sabor fuerte, algo picante y muy aromático. Tiene como particularidad que a medida que lo cocinamos se torna agradable, perdiendo su sabor picante, pero nunca su aroma. El aceite de esencia de jengibre se utiliza en la fabricación de cervezas y bebidas gaseosas.

Hinojo: *Foeniculum vulgare Mill.*

Similar al eneldo, El hinojo se utiliza para preparar salsas, ensaladas, y también pescados. El hinojo es muy digestivo.

Laurel: *Laurus nobilis L.*

Muy utilizado para hacer marinados, caldos y guisos con papas. Se puede emplear sus hojas tanto frescas como secas. El laurel ayuda a abrir el apetito.

Menta: *Mentha piperita var. citrata.*

De sabor fresco y aroma único. Se usa principalmente en postres. También en el conocido coctel Mojito.

Mostaza: *Brassica alba*

Se agrega como condimento de muchos platos, en las hamburguesas y hot dog.

Nuez moscada: *Myristica fragans.*

Se usa en guisos de patatas y platos de carnes, aunque también se utilizan para aderezar sopas, salsas y platos horneados. En la cocina india se emplea en la condimentación de algunos currys y casi exclusivamente en dulces.

Orégano: *Origanum vulgare L.*

El orégano tiene un aroma cálido. Se utiliza para adobar la carne y para completar a la pizza. Se utiliza principalmente seco pero también se puede encontrar fresco.

Perejil: *Petroselinum crispum Mill*

Es la hierba más popular para decorar las comidas. Se utiliza para acompañar platos de pescado y de carne.

Perifollo: *Anthriscus cerefolium*

Tienen un cierto regusto anisado. Se utiliza para aromatizar ensaladas, cremas y para decorar tanto platos de pescado como carne.

Pimienta: *Piper nigrum.*

Cuando se añade a las carnes y pescados le da un sabor picante. También se agrega en diferentes cremas con el mismo propósito.

Romero:*Rosmarinus officinalis L.*

Planta típica del área Mediterránea. Se añade principalmente en asados de carne como cordero o pollo y también como condimento en pescados.

Salvia: *Salvia officinalis L.*

Se usa como condimento para diferentes platos sobre todo en la cocina mexicana.

Tomillo:*Thymus vulgaris*

El tomillo se aplica como condimento de carnes, en asados y estofados.

Toronjil: *Melissa officinalis L.*

Se emplea como aromatizante de bebidas.

Vainilla: *Vanilla planifolia.*

Se utiliza en repostería para darle un sabor característico a los dulces.

3. **Factores que contribuyen a la aparición de efectos tóxicos producidos por plantas**.

En la literatura se han referido diferentes factores que contribuyen a la aparición de efectos tóxicos producidos por las especias, como son:

- Presencia de sustancias tóxicas: en baja concentración o por inhibición de otras sustancias que no causan efectos tóxicos. La concentración del jugo de ciertas plantas puede llevar a la aparición de efectos que estaban ocultos (32).

- Confusión de la especie vegetal (5).

- Contaminación de la planta con medicamentos sintéticos, metales pesados, microorganismos, pesticidas, micotoxinas, etc. (29,31).

- Interacciones con medicamentos (22).

- Edad y estado fisiológico del consumidor: la toxicidad se presenta en mayor o menor grado para un mismo principio activo y a una misma dosis según la edad y salud de la persona. Ej. neurotoxicidad (24).

- Usos no tradicionales de plantas tradicionales: puede causar efectos adversos previamente desapercibidos. Ej. en Taiwán la ingesta de *Sauropus androgynus*, planta que se cocina y se come como verdura, se asoció a un brote de bronquiolitis, al tomar el jugo de la hoja cruda como método para adelgazar (20).

4. **Algunos principios activos de especias que son tóxicos**.

Alil isotiocianato. Muchas *Brassicaceae* contienen este principio activo que es un irritante potente, mutagénico en bacterias, fetotóxico y carcinógenico en ratas (5).

Capsaicina. Se encuentra en el chile. cuando se ingiere regularmente puede actuar como carcinógeno y puede promover úlcera gástrica, pero en dosis bajas parece tener actividad anticarcinogénica (51).

Fitoestrógenos. Se encuentra en el hinojo. Tiene efecto citotóxico sobre células fetales, pero sin evidencia teratógena (40,44). Se ha encontrado en la cebolla y el ajo (13).

Pulegona.Presente en la *Menta piperita,* puede causar convulsiones, atonía, pérdida de peso, disminución de creatinina en sangre y cambios histopatológicos en el hígado y en la materia blanca del cerebelo (26).

Tuyona: En aceites esenciales de la hoja de salvia (*Salvia officinalis).* Se ha reportado acción neurotóxica de efecto convulsionante en animales de experimentación (53).

5. **Efectos adversos de las especias usadas en las comidas**.

A continuación referiremos algunos efectos adversos que tienen algunas plantas, utilizadas como aderezo en distintos tipos de comida.

Tabla No. 1. Especias y efectos adversos reportados.

Planta	Efecto adverso	Referencias
Ají picante (*Capsicum annuum var. minimum.*)	Puede causar irritación de piel y mucosas, llegando a ser vesicante; el uso prolongado sobre una misma área, puede causar daños en las células nerviosas. En contacto con la membrana ocular puede ocasionar irritación	(53)
Ajo (*Allium sativum L.*)	El ajo debe usarse con precaución en caso de trastornos de la coagulación debido a que puede favorecer la aparición de hemorragias.	(11)
Albahaca (*Ocimun basilicum L.*)	Dermatitis alérgica	(33)

Apio (*Apium graveolens L.*)	Por su efecto emenagogo es recomendable evitar consumir apio en cualquiera de sus formas durante el embarazo. Puede producir fotosensibilización y reacciones alérgicas.	(4)
Canela (*Cinnamomum zeylanicum Nees.*)	Es carcinogénica en animales. Provoca trastornos en los órganos y disminución de la hemoglobina. Es citotóxica. Hipersensibilidad a los componentes de la planta. La canela puede producir reacciones alérgicas en algunas personas. La sobredosis del aceite puede producir náuseas, vómito y posible lesión renal. No se recomienda a niños menores de dos años ni en mujeres embarazadas o lactantes.	(6,34,48,49)
Culantro (*Coriandrum sativum)*	Aumenta la secreción ácida del estómago. No usar durante el embarazo, lactancia, ni en niños menores de 3 años.	(4,54)
Comino (*Cuminum cyminum L.*)	El extracto clorofórmico de comino ha mostrado un efecto mutagénico sobre *Salmonella thyphimurium.* Los aceites esenciales pueden resultar neurotóxicos y convulsivantes. El comino inhibe el metabolismo de los barbitúricos, potenciando sus efectos. Aumenta la secreción ácida del estómago.	(54)
Eneldo (*Anethum graveolens L.*)	Genotóxico. Puede producir fotosensibilización.	(22,37)
Estragón (*Artemisia dracunculus L.*)	La esencia de estragón es neurotóxica, incrementa el riesgo de aborto y es tóxica sobre algunas células.	(39)
Jengibre (*Zingiber officinale Roscoe.*)	Puede interactuar con la warfarina, ácido gárlico, vitamina E y producir sangramiento. las dosis altas (más de 6 gramos de polvo de jengibre desecado) aumentan la exfoliación de las células epiteliales del estómago	(20,28,49)

	con dolor gástrico y formación de úlcera. No es recomendable el uso a largo plazo durante el embarazo, ni en personas con cálculos biliares. Está contraindicado en personas con tratamiento anticoagulante.Es citotóxico.	
Hinojo (*Foeniculum vulgare Mill)*	Efecto citotóxico sobre células fetales, pero sin evidencia teratógena. Efecto estrogénico.	(40,44)
Laurel (*Laurus nobilis L.)*	Disminuye la concentración de ciprofloxacina	(15)
Menta (*Menta piperita*)	Daño hepático. Citotóxico. La mentona, a dosis altas, puede causar convulsiones. La pulegona, un compuesto tóxico presente en la menta, causa atonía, pérdida de peso, disminución de creatinina en sangre y cambios histopatológicos en el hígado y en la materia blanca del cerebelo.	(20,26,37)
Mostaza (*Brassica alba)*	La mostaza frita provoca necrosis severa del hígado (25%).	(6)
Nuez moscada (*Myristica fragans)*	Los efectos incluyen taquicardia, nauseas, vómitos, agitaciones y alucinaciones.	(10,23)
Orégano (*Origanum vulgare L.)*	El orégano debe usarse con precaución en caso de epilepsia debido a su posible efecto neurotóxico. Mutagénico in vitro, pero no in vivo. Causa depresión	(24,55)
Perejil (*Petroselinum crispum Mill)*	Puede producir arritmias, dermatitis o fotosensibilización por contacto. El uso excesivo de la planta puede ocasionar neuritis, aborto, daños hepáticos y renales y hemorragia intestinal. Potencia los efectos hipotensores de los antihipertensivos. La administración concomitante de esta planta con algunos antidepresivos puede ocasionar síndrome serotoninérgico	(22,38)
Pimienta (*Piper nigrum)*	El consumo excesivo de pimienta puede ocacionar hematuria y	(5,29)

	convulsiones. Interactúa con fenitoína, propranolol, teofilina y rifamipicin (rifampicina). Es mutagénica y cancerígena en animales.	
Romero (*Rosmarinus officinalis L.*)	lirritación estomacal, intestinal y daño renal.	(16)
Salvia (*Salvia officinalis L.*)	Potencia la actividad de la warfarina, mantiene una excesiva anticoagulación y sangramiento. El aceite esencial o los extractos alcohólicos pueden ser neurotóxicos.	(30,53)
Tomillo (*Thymus vulgaris*)	Aumenta los cuerpos cetónicos, el lactato, disminuye el citrato, alfa-cetoglutarato, creatinina, hipurato, dimetilglicina, y dimetilamina	(7)

6. Estudios realizados sobre el potencial tóxico de las especias

A pesar de que las especias utilizadas en la cocina, no han sido investigadas lo suficiente, existen en la literatura estudios efectuados, que abordan diferentes aspectos de la seguridad del uso, de estos ingredientes de la comida. A continuación expondremos algunas de las investigaciones realizadas y los resultados obtenidos con el fin de elevar el conocimiento de este aspecto, tan poco estudiado y también para aportar conocimientos que permitan escoger mejor las especias que agregamos a la comida para cumplir las exigencias del arte culinario, debido a que en el corto o largo plazo, pueden provocar efectos adversos que no siempre conocemos.

6.1. Interacción de las especias con medicamentos.

El perejil puede potenciar los efectos hipotensores de los antihipertensivos. La administración concomitante de esta planta con algunos antidepresivos puede ocasionar síndrome serotoninérgico (22).

El ajo puede interactuar con ritonavir, saquinavir, paracetamol, warfarina y clorpropamida (14).

En una revisión de la literatura se identificó e informó de interacciones hierba-droga con importancia clínica, muchas de las cuales son informes de casos y observaciones clínicas limitadas. Se observó que la pimienta negra (*Piper nigrum Linn*) y el (*Piper longum Linn*) pimiento largo aumentaron el AUC de la fenitoína, propranolol y la teofilina en voluntarios sanos y las concentraciones plasmáticas de rifamipicin (rifampicina) en pacientes con tuberculosis pulmonar (29). Es evidente que esta acción reportada, puede contribuir a un efecto de potenciación de la actividad de estos medicamentos en el organismo, tanto en pacientes sanos como enfermos.

Con el hinojo se ha observado disminución de la concentración plasmática de ciprofloxacina en ratas (15).

6.2. Mutagénisis y cáncer

En estudios realizados para precisar la posible acción mutagénica de los extractos de canela de Ceilán en el ensayo de rec. utilizando cepas de *Bacillus subtilis* H17 (rec +) y M45 (reco-). Se utilizaron ensayos en presencia y ausencia de S9 con 3 extractos de éter de petróleo, cloroformo y etanol en un aparato Soxhlet. Dos extractos (éter de petróleo y cloroformo) dieron positivos en ausencia de S9 y en presencia de S9 todos fueron negativos (52). Esto evidencia que el efecto reportado, puede ser atenuado en el organismo por los factores enzimáticos del mismo.

Pruebas de carcinogenicidad de pimienta negra (*Piper nigrum*) utilizando el sapo egipcio (*Bufo regularis*) como un animal de ensayo biológico rápido, se realizaron con una suspensión en solución salina o se inyectó por vía subcutánea en la linfa del saco dorsal, como un extracto de etanol que indujo tumores primarios en el hígado y tumores secundarios en otros órganos (riñón y bazo). Cuando se aplicó a la piel de animales de experimentación como un extracto de etanol, la pimienta negra indujo tumores primarios en hígado y secundarias en el íleon y el estómago. Los tumores del hígado fueron diagnosticados como carcinomas hepatocelulares y los demás órganos como metástasis de los tumores hepáticos primarios (19).

También se encontró un efecto cancerígeno de la alimentación forzada con un extracto de pimienta negra (*Piper nigrum*) en sapos egipcios (*Bufo regularis*). 50 machos y 50 hembras de *Bufo regularis* tratados, a un nivel de dosis de 2 mg, 3 veces a la semana durante 5 meses. Los primeros tumores aparecieron después de 2 meses. Los tumores hepáticos (carcinomas hepatocelulares, linfosarcomas y fibrosarcomas) fueron encontrados en 12 machos y 18 hembras. Depósitos metastásicos de los carcinomas hepatocelulares se registraron en el bazo, los riñones, la grasa corporal y el ovario (18).

Otro estudio del uso de la pimienta negra en ratones, realizado con una dosis de 2 mg de un extracto de pimienta negra, 3 días a la semana, durante 3 meses, evidenció un aumento significativo del número de ratones portadores de tumores. Cuando se administró con vitamina A-palmitato 5 ó 10 mg no ocurrieron tumores (50).

En la India se comprobó la inducción de tumores por especies utilizadas en la dieta. En este país los peces y verduras se conservan mediante la salazón y el secado al sol; y luego se fríen en aceite y se consumen. Se encontró que estos preparados contienen hidrocarburos aromáticos policíclicos, que fueron genotóxicos y mutagénicos. Los potenciales efectos cancerígenos de estos y otros productos alimenticios fueron estudiados por la alimentación oral a ratones suizos a una dosis de 100 mg / animal / día durante 12 meses; y la observación de hasta dos años. Cuando estos productos se les añadió, chiles (*Capsicum annuum L.)* produjeron adenocarcinomas en el abdomen en el 35% de los animales; Sundakkai (*Solanum torvum*), heamangiomas hepáticos en 30%; Pescados (*Trichurus lepturus*), carcinoma gástrico escamoso en el 20%; habas de racimo (*Cyomopsis tetragonoloba*) la deposición de grasa en todo el abdomen. Mientras que los peces *Stolephorus bataviensis* y *Scomberomorus commersonnii* no tienen ningún efecto. La mostaza frita (*Brassica juncea*) provoca necrosis severa del hígado (25%), pero no hay tumores. El consumo de alimentos fritos con aceite en dosis altas puede provocar diversos efectos biológicos nocivos. La Canela (*Canela zelanicum*) fue carcinogénica, induciendo papiloma escamoso en algunos y carcinomas pobremente diferenciados en otros (6).

En lo expresado anteriormente se evidencia que los estudios de carcinogenicidad de la pimienta negra, utilizando el sapo egipcio (*Bufo regularis*) y ratones, verificó la posibilidad de que esta especie puede provocar la aparición de tumores en el organismo cuando se ingiere por períodos prolongados.

En *Plectranthus amboinicus* (Lour.) Spreng (orégano francés) los resultados demostraron que el extracto fluido presenta actividad genotóxica, en el ensayo *in vitro* de segregación somática empleando al hongo *A. nidulans* D 30, el cual detecta daño primario al ADN; sin embargo este efecto mutagénico no se presenta en la prueba *in vivo* de inducción de micronúcleos, en médula ósea de ratón. Este último efecto plantean los investigadores, se puede atribuir a la acción de las enzimas detoxificadoras del hígado del mamífero (55).

Las propiedades genotóxicas de los aceites esenciales extraídos de eneldo (*Anethum graveolens L.*) de hierbas y semillas, menta (*Mentha piperita L.*), fueron estudiadas a través de aberraciones cromosómicas (AC) y el intercambio de cromátidas hermanas (SCE), ensayos en linfocitos humanos in vitro, y mutación somática *Drosophila melanogaster* así como la prueba de recombinación (SMART) in vivo. En la prueba de AC, el aceite esencial más activo fue a partir de semillas de eneldo, y luego siguió los aceites esenciales de hierbas eneldo y la hierba de menta, respectivamente. En la prueba de SCE, los aceites esenciales más activos fueron de hierba de eneldo y semillas, seguidos de y la hierba de menta. Los aceites esenciales de hierbas y semillas de eneldo indujeron aberraciones cromosómicas, de una manera dependiente de la dosis; mientras que el aceite esencial de menta fue positivo en el SCE de una manera independiente de la dosis. Todos los aceites esenciales fueron citotóxicos para linfocitos humanos. En la prueba de SMART, se observó un aumento dependiente de la dosis en la frecuencia de mutación del aceite esencial de hierba de eneldo. El aceite esencial de menta indujo mutaciones de una manera independiente de la dosis. El aceite esencial de semillas de eneldo fue casi inactivo en la prueba SMART (37). Estos resultados plantean que el eneldo no es recomendable utilizarlo como una especia para las comidas, dado el potencial mutagénico que tiene.

La evaluación de la teratogenicidad del aceite esencial de hinojo (FEO) en el embrión de rata y cultivo de las yemas de las extremidades, sugieren que el FEO a las concentraciones estudiadas puede tener efectos tóxicos sobre las células fetales, sin evidencia de teratogenicidad (40). Teniendo en cuenta lo anterior, el hinojo no debe ser consumido por embarazadas.

En Turquía, las especies son utilizadas por algunas personas que sufren de disfunción sexual para automedicarse. A pesar de sus ventajas terapéuticas, algunos componentes de las hierbas son potencialmente tóxicos y plantean riesgos para la salud. Debido a ello, se desarrolló un estudio de los potenciales tóxicos de diez hierbas comúnmente utilizadas para el efecto afrodisíaco en Turquía (*Anethum graveolens, Carthamus tinctorius, Citrus aurantium, Cocos nucifera, Glycyrrhiza glabra, Melissa officinalis, Nigella arvensis, Pinus pinea, Prunus mahaleb* y *Zingiber officinale*). Se evaluaron extractos con agua, metanol y cloroformo. Los potenciales cito y genotóxicos de los extractos, se evaluaron a través de una prueba de MTT en una línea celular de riñón de rata y un ensayo de Ames en cepas de *Salmonella typhimurium,* respectivamente. En la evaluación citotóxica, los valores de CI50 fueron de 1,51 a 31,4 mg / mL para los extractos de metanol y cloroformo, mientras que los extractos de agua no fueron citotóxicos. En la evaluación genotóxica, se reveló que los extractos de agua tenían más actividad mutagénica que los extractos de cloroformo y metanol. El extracto acuoso de *M. officinalis* demostró tener las actividades más genotóxicas (1). Estas evidencias apuntan que no es recomendable utilizar estas plantas como especias en la comida.

6.3. Organos reproductores y embarazo

En un estudio realizado sobre las propiedades medicinales de *Foeniculum vulgare* Mill. en la medicina tradicional iraní, se recomendó no usar esta planta durante el embarazo, debido a su actividad estrogénica y algunos efectos sobre los órganos reproductores de las mujeres (44).

La seguridad del jengibre en el embarazo fue confirmada por un metanálisis de seis ensayos (9).

Los resultados de un estudio para determinar el efecto citotóxico sobre fibroblastos de ovario y en la preñez, de los extractos de *Artemisia kopetdaghensis* en ratas preñadas demostraron que el mismo puede incrementar el riesgo de aborto y también efecto tóxico sobre algunas células (39).

6.4. Productos tóxicos acumulados en las especias.

Se verificó en una investigación realizada sobre la captación y la toxicidad de Cr (III) en plántulas de apio, que esta planta puede acumular el mismo (46).

En un estudio realizado en la República Checa para determinar la captación de talio en suelos contaminados de forma natural en los vegetales, se constató la presencia del talio en las verduras analizadas con niveles suficientemente altos como para poner en peligro seriamente la cadena alimentaria (41).

El nitrato y el nitrito son sustancias tóxicas que se han convertido en productos químicos ambientales cada vez más significativos. Un aumento de la distribución ambiental de compuestos nitrogenados, especialmente en aguas superficiales y subterráneas, se ha atribuido a la utilización intensiva de nitratos como fertilizantes agrícolas y cantidades crecientes de desechos nitrogenados producidos por las industrias y corrales de engorde en los municipios. Debido a esto un brote de intoxicación fatal por nitrato asociado con el consumo de hinojos (*Foeniculum vulgare*) en el ganado de cría en la región de Campania (sur de Italia), se estudió para ilustrar una toxicosis por nitrato mortal de bovinos asociados con el consumo de hinojos (*Foeniculum vulgare*). Quince vacas de la misma granja presentaron al mismo tiempo debilidad, temblores musculares, dificultad respiratoria, y finalmente convulsiones. Los animales afectados murieron dentro de 24 a 48 h desde el inicio de los signos clínicos. Cinco vacas fueron sometidass a un examen completo post-mortem. En todos los animales examinados, las lesiones macroscópicas incluyeron presencia de sangre no coagulada oscura, alrededor de las fosas nasales y la región anal, inflamación moderada de la mucosa gastrointestinal, y decoloración marrón de los músculos esqueléticos y los riñones. El examen histológico mostró degeneración tubular y la congestión de los vasos glomerulares en el riñón. El análisis toxicológico detectó nitratos a una concentración de 4 672,2 ppm en los hinojos utilizados para alimentar a los animales. La fuente de exposición a los nitratos se identificó en los hinojos. Los hinojos fueron cultivados en un área contaminada de la región de Campania, en el sur de Italia y distribuidos en un mercado público para el consumo humano. Los residuos procedentes de la venta de los hinojos, se utilizaron como alimentos para las vacas. La acumulación de nitratos en algunos vegetales representa un riesgo no sólo para la salud de los animales, sino también para la seguridad humana y ambiental (12).

Plantas de *Brassica juncea* brasinoesteroides en *Brassica juncea* L. (mostaza de la India) L. fueron expuestas a diferentes concentraciones (0,0, 0,1, 0,2 y 0,3 mM) de arsénico (V) y se recogieron después de 30 y 60 días de la siembra para el análisis de los parámetros de crecimiento y la absorción de metales. El estudio demostró la absorción significativa de iones de arsénico por las plantas de mostaza (32). En otro estudio de esta planta también se detectó la presencia de arsénico (27).

De lo planteado por diferentes investigadores, sobre la certeza de la acumulación de productos tóxicos en las plantas, obtenidos del suelo en que son cultivadas, es importante conocer la procedencia de las mismas para evitar la presentación de envenenamientos o intoxicaciones, debido a su consumo

6.5. Reacciones alérgicas.

Se ha reportado dermatitis alérgica causada por la albahaca (*Ocimum basilicum*) (33).

La evaluación de 1000 pacientes por la prueba del parche dio dermatitis alérgica por contacto a diferentes especies. Esta se presentó en chefs, trabajadores de la cocina, cafeterías y restaurantes. En todos los casos la dermatitis afectó las manos. Las especies causantes fueron ajo, canela, comino y jengibre (25).

6.6. Secreción de ácido clorhídrico.

En ensayos realizados para determinar la influencia de la perfusión intragástrica de extractos acuosos de especies sobre la secreción de ácido en en el estómago de ratas albinas anestesiadas, se encontró que el pimiento rojo, hinojo, pimienta negra, el comino y el cilantro aumentan la secreción de ácido en el estómago. El pimiento rojo produjo máximo incremento en la secreción de ácido, pero esto se redujo significativamente en los estómagos lesionados. Pero, el comino y cilantro aumentaron la secreción gástrica en el estómago lesionado (54). Estas dos últimas plantas, debido a los resultados obtenidos, no es recomendable que las ingieran personas que tienen lesiones gástricas.

6.7. Síntomas clínicos generales.

En un estudio realizado sobre el abuso de aceite de canela por los adolescentes en el Centro de Envenenamiento de Pittsburgh, se documentaron 32 casos de abuso de aceite de canela.   Chupar palillos de dientes o los dedos que habían sido sumergidos en aceite de canela fue el método primario de abuso. Un picor o sensación de calor, enrojecimiento de la cara, y cavidad oral quemada fueron los síntomas reportados por los usuarios. Algunos niños se quejaron de náuseas o dolor abdominal, pero no se reportaron efectos sistémicos. Ocho pacientes con exposición dérmica tuvieron irritación expresada desde eritema hasta ronchas (42).

La salvia puede producir sangramiento cuando es ingerida en pacientes que están tomando warfarina (30).

La ingestión de grandes cantidades del aceite de romero, puede estar asociada con toxicidad, caracterizada por irritación estomacal e intestinal y daño renal (16).

La sobredosificación de ají picante, puede causar irritación de piel y mucosas, llegando a ser vesicante; el uso prolongado sobre una misma área, puede causar daños en las células nerviosas. En contacto con la membrana ocular puede provocar irritación (16,53).

Estudios toxicológicos y clínicos del ajo no han mostrado efectos adversos considerables (3). Las mezclas de ajo picado y aceite dejadas a temperatura ambiente pueden causar intoxicación por *Clostridium botulinum*, que produce una toxina en condiciones anaerobias y de baja acidez. En dosis elevadas, el ajo puede causar molestias gastrointestinales. También puede producir sangramiento (11).

Las dosis altas de jengibre desecado aumentan la exfoliación de las células epiteliales del estómago con dolor gástrico y formación de úlcera. No es recomendable el uso a largo plazo durante el embarazo, ni en personas con cálculos biliares. Está contraindicado en personas con tratamiento anticoagulante (20).

La ingestión de perejil puede producir arritmias, dermatitis o fotosensibilización por contacto. El uso excesivo de la planta puede ocasionar neuritis, aborto, daños hepáticos y renales y hemorragia intestinal (38).

La nuez moscada es una especia que contiene aceites volátiles que constan de derivados de alquil benceno (miristicina, elemicin, safrol, etc.), terpenos y ácido mirístico. Esta especia tiene una larga historia de abuso. En un estudio sobre las llamadas recibidas debido a la ingestión de nuez moscada en los centros de toxicología de Texas desde 1998 a 2004. Hubo 17 llamadas que involucraron la ingestión de nuez moscada, de los cuales el 64,7% participó de abuso intencional. Cuando se compararon abuso y no abuso de ingestiones los abusos fueron más propensos a involucrar a los varones (100 frente a 66,7%) y adolescentes (55,6 frente a 16,7%). Ninguna de las ingestiones evolucionó con la muerte (23). La ingestión en grandes cantidades de esta especia puede causar síntomas tóxicos, tales como alucinaciones, taquicardia y efectos anticolinérgicos (45).

6.8. Sistema nervioso central.

En un estudio realizado con los aceites esenciales de canela y orégano sobre la conducta condicionada de la rata, se observó que a las dosis más altas, todos los aceites causaron un efecto depresivo (debido probablemente a la toxicidad), mientras que en las dosis más bajas produjeron efectos débiles o dudosos. Sólo el aceite de *Origanum* causó un efecto depresivo que claramente pareció estar relacionado con una acción directa sobre el sistema nervioso central (24). Teniendo en cuenta estos hallazgos, no es aconsejable la utilización de orégano en las personas que padezcan de depresión.

6.9. Toxicología aguda, crónica y citotoxicidad.

La DL50 de semillas de bija en ratones, por vía intraperitoneal, es de 700 mg/kg (26).

No se recomienda el empleo del aceite de perejil, debido a su toxicidad (2,8).

Estudios agudos y crónicos desarrollados para determinar la toxicidad en ratones de especies comunes, corteza de *Cinnamomum* y frutas *Piper longum,* verificaron que los extractos de ambas plantas no causaron mortalidad aguda o crónica significativa en comparación con el control en este estudio. Durante el tratamiento crónico no hubo ningún cambio significativo en el peso corporal antes y después del tratamiento de los animales de ensayo, mientras que el aumento de peso en el grupo control fue significativo. El tratamiento con *C. zeylanicum* causó reducción en el peso del hígado, mientras que *P. longum* provocó un aumento significativo en el peso de los pulmones y el bazo de los animales tratados en comparación con el control. Los estudios hematológicos revelaron una caída significativa en el nivel de hemoglobina en los animales tratados con *C. zeylanicum* (48). Los resultados obtenidos indican que no es aconsejable el uso prolongado de estas plantas en la dieta.

El extracto etanólico de la menta tiene una DL50 oral en ratas de 715.73 mg/kg, con síntomas de toxicidad como respiración acelerada y convulsiones previas a la muerte (36).

Se determinó la DL50 en ratones para el extracto etanólico de las hojas de ajo, dando como resultado 956.50 mg/kg de peso (35).

Se realizó una investigación en Irán para determinar la toxicidad de los extractos de *Heracleum persicum, Nigella arvensis, Cinnamomum zeylanicum y Zingiber officinale*, utilizando el ensayo de *Artemia salina* y soluciones acuosa y en aceite de las referidas plantas. Los aceites esenciales de *H. persicum y C. zeylanicum* mostraron la mayor citotoxicidad con los valores de LC50 0,007 y 0,03 microg / mL, respectivamente. Ninguno de los extractos acuosos mostró una citotoxicidad significativa. El análisis del aceite esencial de H. persicum mostró el butirato de hexilo y acetato de octilo como los compuestos principales (49). Estos resultados sugieren limitaciones para el uso de estas especias en la dieta.

La nuez moscada es una especia comúnmente consumida. Los efectos tóxicos de la nuez moscada se ha referido que se debe principalmente al aceite de miristicina. Se desarrolló una revisión de datos del Centro de Envenenamiento de Illinois con las exposiciones a nuez moscada, iniciada desde enero de 2001 a diciembre de 2011. Los envenenamientos no relacionados con la exposición a nuez moscada fueron eliminados y se observaron los resultados médicos como estaban registrados. Se informaron treinta y dos casos de ingestión de nuez moscada. De ellos 17 (53,1%) fueron exposiciones no intencionales, 10 sujetos (58,8%) eran menores de 13. Cuatro de las exposiciones en los niños menores de 13, fueron exposiciones oculares. Quince exposiciones (46,9%) señalaron exposiciones intencionales (17).

6.10. Trastornos del metabolismo.

Se desarrolló una evaluación prospectiva de la toxicidad potencial de dosis repetidas de extractos de *Thymus vulgaris L.* en ratas por medio de la química clínica, histopatología y el enfoque basado en metabolitos por NMR. El ensayo se ejecutó con extractos obtenidos por dos métodos diferentes y aplicados intrapaeritonelamente y diariamente durante cuatro días a ratas macho Wistar Han, a dos dosis diferentes para cada extracto. La evaluación de los efectos tóxicos potenciales incluyó el examen histopatológico de hígado, riñón, y tejidos pulmonares, así como la bioquímica sérica de los parámetros hepáticos, renales, y los perfiles metabolicos basados en H-NMR de orina. Los resultados mostraron que no se observaron cambios histopatológicos en el hígado y el riñón en ratas tratadas con ambos extractos de tomillo. Investigaciones bioquímicas en suero revelaron aumentos significativos en nitrógeno ureico en sangre, creatinina y ácido úrico en los animales tratados con extracto polifenólico en ambas dosis. En estos últimos grupos, el análisis reveló alteraciones metabólicas, en un número de metabolitos de orina implicados en el metabolismo de la energía, en las mitocondrias del hígado. De hecho, los resultados mostraron alteraciones de la glucólisis, el ciclo de Krebs, y las vías beta-oxidativas, como se evidencia por el aumento de cuerpos cetónicos y de lactato, disminución del citrato, alfa-cetoglutarato, creatinina, hipurato, dimetilglicina, y dimetilamina. En conclusión, este trabajo demostró que por la vía intraperitoneal, la inyección de dosis repetidas de extractos de tomillo, provocó algunas perturbaciones del metabolismo intermediario en ratas (7). Estos resultados aportan evidencias de que esta planta no debe ser utilizada en la dieta.

7. Conclusiones.

- Algunas especias pueden interactuar con medicamentos prolongando la acción de los mismos.*Piper nigrum Linn* y *Piper longum Linn* con fenitoína, propranolol y la teofilina en voluntarios sanos y rifamipicin (rifampicina) en pacientes con tuberculosis pulmonar o disminuir la acción de los mismos. *Foeniculum vulgare Mill,* disminuye la concentración de ciprofloxacina o producir sangramiento. *Allium sativum L. y Salvia officinalis L.,* producen sangramiento con warfarina.

- Otras especias han presentado acción mutagénica *in vitro* sin activación metabólica como el *Cinnamomum zeylanicum Nees* y cancerígena *P. nigrum, Brassica juncea, Canela zelanicum,* en las investigaciones realizadas, por lo que deben manejarse de forma limitada en la dieta.

- La presencia de acción genotóxica en el *Anethum graveolens L.* y el *Zingiber officinale*, indican que no son especies recomendables para utilizarla en la dieta.

- Debido a la acción sobre los órganos reproductores femeninos, no se debe utilizar el *F.vulgare* y la *Artemisia kopetdaghensis* durante el embarazo.

- Las especias pueden acumular productos tóxicos extraídos del suelo que representan un riesgo para el hombre, los animales y el ambiente. Siendo aconsejable, conocer su procedencia o utilizar especies orgánicas.

- En algunos casos las especias pueden producir reacciones alérgicas como los casos de: *Ocimum basilicum, A. sativum, C. zeylanicum, Z. officinalis* y *Cuminum cyminum L.*

- Hay especias que aumentan la secreción de ácido clorhídrico en el estómago lesionado (*Coriandrum sativum y P. nigrun*). Por lo que no es recomendable que las ingieran personas que tienen lesiones gástricas. La ingestión de especias puede provocar síntomas clínicos externos, no sistémicos como el producido por el abuso de aceite de canela con la presentación de picor o sensación de calor, enrojecimiento de la cara, y la quema oral. La ingestión de nuez moscada produce síntomas alucinógenos.

- Las especias pueden producir depresión del sistema nervioso central como el reportado en el *Origanum vulgare L.,* por lo que no es aconsejable la utilización del mismo en las personas que padezcan de depresión.
- Dada los hallazgos toxicológicos crónicos por el consumo de corteza de *C. zeylanicum* y frutas de *P. longum,* no es aconsejable el uso prolongado de estas plantas en la dieta, recomendándose un uso limitado.
- La ingestión de *Thymus vulgaris L.,* produce trastornos en el metabolismo del organismo que indican la no utilización de esta planta en la dieta.

8. Referencias.

1. Abudayyak M, Ozdemir Nath E, Ozhan G. Toxic potentials of ten herbs commonly used for aphrodisiac effect in Turkey. *Turk J Med Sci.* 2015;45(3):496-506.
2. Al-Howiriny T, Al-Sohaibani M, El-Tahir K, Rafatullah S. Prevention of experimentally-induced gastric ulcers in rats by an ethanolic extract of Parsley, Petroselinum crispum. *Am. J. Chin. Med.* 2003;31(5):699-711.
3. Amagase H. Clarifying the real bioactive constituents of garlic. *J. Nutr.* 2006;136:71.
4. Anónimo. Vademecum Colombiano de Plantas Medicinales. Disponible en: http://www.profitocoop.com.ar/articulos/Vademecum%20colombiano%20de%20plantas%20medicinales.pdf. Accedido el 14-11-2015.
5. Aronson JK. Meyler's Side Effects of Herbal Medicines. Editores Elsevier. Amsterdan. 2009. 312 p.
6. Balachandran B, Sivaramkrishnan VM. Induction of tumours by Indian dietary constituents. *Indian J Cancer.* 1995;32(3):104-109.
7. Benourad F, Kahvecioglu Z, Youcef-Benkada M, Colet JM. Prospective evaluation of potential toxicity of repeated doses of Thymus vulgaris L. extracts in rats by means of clinical chemistry, histopathology and NMR-based metabonomic approach. *Drug Test Anal.* 2014;6(10):1069-1075.
8. Blumenthal M, Busse W, Goldberg A, Gruenwald J, Hall T, Riggins T, Rister CW. The Complete German Commission E Monographs. Therapeutic Guide to herbal Medicines, American Botanical Council (Austin, Texas). Integrative Medicine communications. Boston, Massachusetts, 1998 p. 179.
9. Borrelli F, Capasso R, Aviello G, Pittler MH, Izzo AA. Effectiveness and safety of ginger in the treatment of pregnancy-induced nausea and vomiting. *Obstet Gynecol.* 2005;105(4):849–56.
10. Carstairs SD, Cantrell FL. The spice of life: an analysis of nutmeg exposures in California. *Clin Toxicol.* 2011;49:177–180.
11. Carden SM, Good WV, Carden PA, Good RM. Garlic and the strabismus surgeon. *Clin Experiment Ophthalmol.* 2002;30(4):303–4.
12. Costagliola A, Roperto F, Benedetto D, et al. Outbreak of fatal nitrate toxicosis associated with consumption of fennels (Foeniculum vulgare) in cattle farmed in Campania region (southern Italy). *Environ Sci Pollut Res Int.* 2014;21(9):6252-6257.
13. Cos P, De Bruyne T, Apers S, Vanden Berghe D, Pieters L, Vlietinck AJ. Phytoestrogens: recent developments. *Planta Med.* 2003;69(7):589–99.
14. Coxeter PD, McLachlan AJ, Duke CC, Roufogalis BD. Garlicdrug interactions. *Complement Med.* 2003;Nov/Dec:57–9.
15. Del Río P. 2005. Vademécum de Fitoterapia. Quintana de Rueda (León, España). (11-2007). Http://www.users.servicios.retacal.es/pdelrio/VF.pdf.

16. DerMarderosian A. Guide to Popular Natural Products. 2. edition. Published by Facts and Comparisons, St. Louis, Missouri, 2001 p. 43-44.

17. Ehrenpreis JE, DesLauriers C, Lank P, Armstrong PK, Leikin JB. Nutmeg poisonings: a retrospective review of 10 years experience from the Illinois Poison Center, 2001-2011. *J Med Toxicol.* 2014;10(2):148-151.

18. el-Mofty MM, Khudoley VV, Shwaireb MH. Carcinogenic effect of force-feeding an extract of black pepper (*Piper nigrum*) in Egyptian toads (Bufo regularis). *Oncology.* 1991;48(4):347-350.

19. el-Mofty MM, Soliman AA, Abdel-Gawad AF, Sakr SA, Shwaireb MH. Carcinogenicity testing of black pepper (*Piper nigrum*) using the Egyptian toad (*Bufo regularis*) as a quick biological test animal. *Oncology.*1988;45(3):247-252.

20. Ernst E. Harmless herbs? A review of the recent literature. *The American Journal of Medicine.* 1998;104(2):170–178.

21. FAO. FAOSTAT. Disponible en: http://faostat3.fao.org/home/E. Accedido el 17/11/2015.

22. Fetrow C, Avila J. Manual de Medicina Alternativa para o Profissional. Editora Guanabara Koogan S.A., Rio de Janeiro. 2000 p. 601-604.

23. Forrester MB. Nutmeg intoxication in Texas, 1998–2004. *Hum Exp Toxicol.* 2005;24:563–566.

24. Fundaro A, Cassone MC. Action of essential oils of chamomile, cinnamon, absinthium, mace and origanum on operant conditioning behavior of the rat. *Boll Soc Ital Biol Sper.* 1980;56(22):2375-2380.

25. Futrell JM, Rietschel RL. Spice allergy evaluated by results of patch tests. *Cutis.* 1993;52(5):288–90.

26. Germosén-Robineau L. Hacia una Farmacopea Caribeña. Seminarios TRAMIL 6 y 7. Basse-Terre, Guadalupe. Noviembre, 1992; San Andrés Isla, Colombia. Febrero, 1995. Edición TRAMIL 7. Santo Domingo, República Dominicana. 1995 p. 81-92, 370-373.

27. Grifoni M, Schiavon M, Pezzarossa B, Petruzzelli G, Malagoli M. Effects of phosphate and thiosulphate on arsenic accumulation in the species Brassica juncea. *Environ Sci Pollut Res Int.* 2014;22(4):2423-2433.

28. Heck AM, DeWitt BA, Lukes AL. Potential interactions between alternative therapies and warfarin. *Am J Health Syst Pharm.* 2000;57(13):1221–7.

29. Hu Z, Yang X, Ho PC, et al. Herb-drug interactions: a literature review. *Drugs.* 2005;65(9):1239-1282.

30. Izzo AA, Di Carlo G, Borrelli F, Ernst E. Cardiovascular pharmacotherapy and herbal medicines: the risk of drug interaction. *Int J Cardiol.* 2005;98(1):1–14.

31. Kabak B, Dobson AD. Mycotoxins in Spices and Herbs: An Update. *Crit Rev Food Sci Nutr. Nov. 3* 2015;10.1080/10408398.2013.772891 [doi].

32. Kanwar MK, Poonam, Bhardwaj R. Arsenic induced modulation of antioxidative defense system and brassinosteroids in *Brassica juncea* L. *Ecotoxicol Environ Saf.* 2015;115:119-125.

33. Kiec-Swierczynska M, Krecisz B, Chomiczewska D, Swierczynska-Machura D, Palczynski C. Occupational allergic contact dermatitis caused by basil (*Ocimum basilicum*). *Contact Dermatitis.* 2010;63(6):365-367.
34. Krapp K, Longe J. Enciclopedia de las Medicinas Alternativas. Editorial Océano. Barcelona, 2005 p. 290-292.
35. Lagarto A, Silva R, Guerra I, Iglesias L. Comparative study of the assay of *Artemia salina* L. and the estimate of the medium lethal dose (LD50 value) in mice, to determine oral acute toxicity of plant extracts, *Phytomedicine.* 2001;8(5):395.
36. Lagarto A, Tillán J, Vega R, Cabrera Y. Toxicidad aguda oral de extractos hidroalcohólicos de plantas medicinales. *Rev. Cubana Plant. Med.* 1999;4(1):26-28.
37. Lazutka JR, Mierauskiene J, Slapsyte G, Dedonyte V. Genotoxicity of dill (*Anethum graveolens* L.), peppermint (*Mentha piperita* L.) and pine (*Pinus sylvestris* L.) essential oils in human lymphocytes and *Drosophila melanogaster. Food Chem Toxicol.* 2001;39(5):485-492.
38. Lorenzi H, Matos A. Plantas Medicinais no Brasil Nativas exóticas. Instituto Plantarum de Estúdos da Flora Ltda., Nova Odessa, 2002 p. 482, 483.
39. Oliaee D, Boroushaki MT, Oliaee N, Ghorbani A. Evaluation of Cytotoxicity and Antifertility Effect of Artemisia kopetdaghensis. *Adv Pharmacol Sci.* 2014;2014:745-760
40. Ostad SN, Khakinegad B, Sabzevari O. Evaluation of the teratogenicity of fennel essential oil (FEO) on the rat embryo limb buds culture. *Toxicol In Vitro.* 2004;18(5):623-627.
41. Pavlickova J, Zbiral J, Smatanova M, Habarta P, Houserova P, Kuban V. Uptake of thallium from naturally-contaminated soils into vegetables. *Food Addit Contam.* 2006;23(5):484-491.
42. Perry PA, Dean BS, Krenzelok EP. Cinnamon oil abuse by adolescents. *Vet Hum Toxicol.* 1990;32(2):162-164.
43. Peter KV. Handbook of Herbs and Spices. Vol I. Boca Ratón: CRC Press; 2001. 326 p.
44. Rahimi R, Ardekani MR. Medicinal properties of *Foeniculum vulgare* Mill. in traditional Iranian medicine and modern phytotherapy. *Chin J Integr Med.* 2013;19(1):73-79.
45. Roeters van Lennep JE, Schuit SC, van Bruchem-Visser RL, Ozcan B. Unintentional nutmeg autointoxication. *Neth J Med.* 2015;73(1):46-48.
46. Scoccianti V, Crinelli R, Tirillini B, Mancinelli V, Speranza A. Uptake and toxicity of Cr(III) in celery seedlings. *Chemosphere.* 2006;64(10):1695-1703.
47. Servicio de Información Agroalimentaria y Pesquera (SIAP). Cierre de la producción agrícola y pesquera 2014. Disponible en: http://www.siap.gob.mx/cierre-de-la-produccion-agricola-por-cultivo/. Accedido el 24-11-2015.

48. Shah AH, Al-Shareef AH, Ageel AM, Qureshi S. Toxicity studies in mice of common spices, Cinnamomum zeylanicum bark and Piper longum fruits. *Plant Foods Hum Nutr.* 1998;52(3):231-239.

49. Sharififar F, Moshafi MH, Dehghan-Nudehe G, Ameri A, Alishahi F, Pourhemati A. Bioassay screening of the essential oil and various extracts from 4 spices medicinal plants. *Pak J Pharm Sci.* 2009;22(3):317-322.

50. Shwaireb MH, Wrba H, el-Mofty MM, Dutter A. Carcinogenesis induced by black pepper (*Piper nigrum*) and modulated by vitamin A. *Exp Pathol.* 1990;40(4):233-238.

51. Surh YJ, Lee SS. Capsaicin in hot *Chili pepper*: carcinogen, co-carcinogen or anticarcinogen? Food Chem Toxicol. 1996;34(3):313–6.

52. Ungsurungsie M, Paovalo C, Noonai A. Mutagenicity of extracts from Ceylon cinnamon in the rec assay. *Food Chem Toxicol.* 1984;22(2):109-112.

53. Vanaclocha B, Cañigueral S. Fitoterapia. Vademécum de Prescripción. 4° Edición. Editorial Masson. Barcelona. 2003 p. 175-177

54. Vasudevan K, Vembar S, Veeraraghavan K, Haranath PS. Influence of intragastric perfusion of aqueous spice extracts on acid secretion in anesthetized albino rats. *Indian J Gastroenterol.* 2000;19(2):53-56.

55. Vizoso A, Ramos A, Edreira A y col. *Plectranthus amboinicus* (Lour.) Spreng (orégano francés).estudio tóxico genético de un extracto fluído y del aceite esencial. *Journal of Ethnopharmacology.* 1996;52(3):123-7.

CON GRIN SU CONOCIMIENTOS VALEN MAS

- Publicamos su trabajo académico, tesis y tesina

- Su propio eBook y libro - en todos los comercios importantes del mundo

- Cada venta le sale rentable

Ahora suba en www.GRIN.com y publique gratis